1

Eugenio Gallavotti

Tutto quello che avremmo voluto sapere sul

SUICIDIO

(perché non è una cosa che può capitare a tutti)

Mario Savino

PAMPHLET/SAGGISTICA
Tempo di lettura 1 ora

Graphic Design: Alessandro Laganà
Font: HK Grotesk
2019

Codice ISBN: 978-1-79478-136-8

Sommario

*Questo è un breve pamphlet sul suicidio
e - nonostante l'argomento possa incutere ti-
more/rifiuto - il taglio è improntato alla speranza, suscitata da nuove ricerche scientifiche,
nuove interpretazioni e dal desiderio di ab-
battere i diversi luoghi comuni, puntualmente
riproposti anche dalla stampa più blasonata:
atto di eroismo/viltà, evento "incomprensibile", "misterioso" e così via.*

*Non c'è alcun mistero: nella stragrande mag-
gioranza dei casi, il suicidio è semplicemente
l'epilogo più drammatico di una malattia assai
diffusa, il disturbo depressivo, a volte sottova-
lutato/non riconosciuto persino da chi ne soffre. È incredibile che nel terzo millennio si parli
ancora di "mistero" quando Ippocrate, 2.400
anni fa, parlava già di "melancolìa".*
*Non è priva di speranza una delle nostre tesi
principali: il suicidio NON è qualcosa che può*

capitare a tutti; nel nostro cervello ci sono meccanismi di inibizione autoprotettivi che qualcuno può non possedere così solidi e costanti; gli ultimi studi dell'università dello Utah prefigurano addirittura un "gene del suicidio". Insomma, chi non è predisposto ne è sostanzialmente immune, qualunque evento negativo lo travolga.

Un pamphlet di speranza per milioni di persone che soffrono di depressione e per i loro familiari e amici: qui vengono indicate e raccontate le nuove cure/tecniche per vincere il disturbo psichico. Un pamphlet di speranza perché autobiografico... Chi scrive ha conosciuto il buio, il 18 giugno 2002; il coautore del libro - professor Mario Savino, allievo a Pisa di Giovanni B. Cassano - è lo psichiatra che ha favorito il mio percorso ulteriore.

Eh sì, ci vuole molto tempo per fare i conti con se stessi.

Il libro è diviso in vari capitoli: la predisposizione al suicidio; le nuove cure per la depressione; il suicidio così com'è trattato dai media; il suicidio nelle donne, nei giovani e giovanissimi; negli animali; la pericolosità sociale dei potenziali suicidi; i successi e i fallimenti di uno psichiatra, raccontati da Mario Savino; il suicidio assistito; le appendici del pamphlet dedicate alle macchine per la stimolazione cerebrale, alla psicoterapia e alla prevenzione.

Suicidi si nasce e, se l'ambiente è ostile, si diventa (ma, con diagnosi e cure adeguate, si può evitare il peggio). Eppure sul tema, anche tra persone "istruite", c'è ancora un tasso di inconsapevolezza sorprendente.

Per esempio, quando si dice:
"Ma perché si è ammazzato? Aveva tutto", op-
pure: "Il suicidio? Un atto di debolezza". Ora,
chi è veramente debole non riesce
a uccidersi. Anzi, le persone "piene di vita"
sono le più esposte: se si ammalano, possono
finire nell'inferno del cosiddetto "stato misto",
una depressione unita ad agitazione e
irrequietezza, il disturbo più pericoloso
perché hai tutta l'energia fisica e mentale per
farla finita.

E.G.

CAPITOLO 1

Suicidi si nasce

Come mai la mamma africana che vede annegare i figli nel Mediterraneo non necessariamente si unisce a loro, mentre il famoso manager di una grande squadra di calcio - che ha tutto ciò che desidera, famiglia, carriera, denaro, gratificazioni d'ogni genere - a un certo punto apre la finestra del suo ufficio e si lancia nel vuoto?

È un discorso complesso e semplice. Partiamo da alcuni studi condotti dallo psichiatra Mario Savino in collaborazione con l'università di San Diego. Sono state analizzate le patologie più frequenti in certe categorie professionali. È emerso che ad alcuni mestieri corrispondono certi profili temperamentali. L'ingegnere, per esempio, è in genere molto preciso, attento al dettaglio, non necessariamente malato di un disturbo ossessivo, ma con alcune caratteristiche di quel tipo.

E, non c'è niente da fare, chi non ha quelle
caratteristiche non può essere un bravo ingegnere... Lo stesso vale per l'artista, l'architet-
to, il giornalista, il creativo in generale, quello
con l'iniziativa e la marcia in più, che ha un
prezzo da pagare perché alle fasi di prolificità
e produttività possono succedere fasi di stan-
ca. In questi soggetti, se dovessero amma-
larsi, un'eventuale crisi depressiva è spesso
accompagnata da agitazione. Ecco, questo è
il tipo di depressione più pericoloso, perché
il depresso "rallentato", "bloccato", non si
dispera neanche, sta fermo in poltrona, non
mangia, pensa al suicidio ma al massimo ha
solo la forza di abbandonarsi a qualche episodio di autolesionismo (chi ricorda l'attore
Mel Gibson nel film Mr. Beaver?), insomma è
meno a rischio.

Ora, se la mamma africana non ha queste caratteristiche è più facile che sopravviva al suo enorme dolore, magari dedicandosi ad altri figli o ai nipoti, mentre la persona "carica", energica, paradossalmente è più vulnerabile. Ma allora suicidi si nasce... È scientifico dire che gli esseri umani si dividono tra chi ha il suicidio "dentro" e chi non ce l'ha? Tra chi ha una predisposizione e chi non è sfiorato dall'idea nemmeno di fronte ai più atroci avvenimenti, alle più subdole fonti di stress?

Recentemente, i ricercatori della University of Utah Health hanno identificato ben quattro cambiamenti genetici che si verificano più frequentemente nelle persone morte per suicidio e che indicano un aumento del rischio in individui vulnerabili.

Il suicidio è la decima causa di morte negli Stati Uniti, in modo simile al numero dei decessi causati dagli oppioidi. Precedenti studi dimostrano che il suicidio si insinua nelle famiglie indipendentemente dagli effetti di un ambiente condiviso. I ricercatori americani hanno utilizzato grandi risorse per identificare i fattori genetici che possono aumentare il rischio di suicidio. I risultati sono disponibili online sulla rivista Molecular Psychiatry.

«Ricerche su famiglie e gemelli ci hanno rivelato che esiste un rischio genetico significativo associato al suicidio», ha detto Douglas Gray, docente di psichiatria all'University of Utah Health. «Trovare i geni che aumentano il rischio può portare a nuovi trattamenti».

Il team è stato in grado di identificare varianti in quattro geni (SP110, AGBL2, SUCLA2 e

APH1B) che aumenterebbero il rischio di morte per suicidio. Varianti che non sono presenti in individui morti per altre cause.

Sono stati esaminati suicidi in 43 famiglie, giungendo alla conclusione che i rischi genetici del suicidio riducono al minimo gli effetti ambientali condivisi, come lo stress dovuto al divorzio o alla disoccupazione o un facile accesso a mezzi letali.
I ricercatori hanno studiato la variazione genetica in oltre 1.300 campioni di Dna di persone morte per suicidio nello Stato dello Utah. Hanno identificato cambiamenti specifici in 4 geni, ma anche 207 geni che giustificano ulteriori analisi per comprendere il loro ruolo nelle persone che muoiono per suicidio. 18 di questi geni sono stati precedentemente associati al rischio di suicidio.

15 dei geni precedentemente identificati sono stati anche associati a condizioni infiammatorie, a sostegno di prove crescenti sulla relazione tra infiammazioni e salute mentale.

Gli studiosi della University of Utah Health concludono che il suicidio è come una qualsiasi condizione umana complessa.
Potrebbe esserci una varietà di fattori genetici che rendono più inclini al rischio e, certamente, diversi fattori ambientali che possono amplificarlo. Insomma, suicidi si nasce e, se i fattori ambientali sono avversi, si diventa.

Non diremo più come Freud che il suicidio "è sempre un atto di rivalsa contro una parte di noi che non affrontiamo". Ormai, ha un sapore un po' antico come definizione. Ormai non c'è dubbio che possiamo avere - o per fortuna non avere - dentro di noi il germe di un disturbo dell'umore spesso ereditario che ci rende a rischio, che può generare una condotta auto-lesiva.

La maggior parte delle volte la tendenza al suicidio interessa soggetti che hanno avuto disturbi dell'umore e che hanno una biologia predisposta.Le alterazioni del funzionamento della serotonina e di altri neurotrasmettito-ri sono appurate ed evidenti nei soggetti che commettono suicidio rispetto a chi muore per cause diverse.

Il legame tra chimica e suicidio è ormai accla-rato: nel nostro cervello ci sono meccanismi di inibizione autoprotettivi che qualcuno può non avere così solidi e costanti.
E così anche parlare di suicidio come atto di viltà o di eroismo ormai ha un sapore antico. Antichissimo.

Tanti hanno provato a spiegare, interpretare l'abisso dove precipita chi volontariamente "scende dalla vita". Gesto incomprensibile, problemi psicologici, forse di natura biologica... In realtà, oggi siamo in grado di tracciare l'identikit del potenziale suicida, «sulla base dei dati», dice il professor Mario Savino.

Il suicidio è più frequente nei disturbi dell'umore, nei disturbi cronici di ansia (specie se associati all'umore), nei disturbi alimentari, nei disturbi della personalità, nell'abuso di sostanze come droga e alcol...E qui ci soffermiamo sul cosiddetto "stato misto", così definito e studiato dagli psichiatri più esperti.

Lo "stato misto" non è una forma di depressione pura, come tanti conoscono o immaginano, ovvero quel profondo stato depressivo, spesso definito "maggiore" per gravità, che

vede il soggetto come "bloccato"
o "rallentato".

Questa condizione non comporta grandi rischi, se non all'inizio della terapia.
Invece sono soprattutto le depressioni bipolari
che portano al suicidio, e contemplano tre tipi
di episodi: quello depressivo tout court, quello euforico/maniacale, e infine lo "stato misto"
che è una sorta di mix tra i due; qui l'umore
può essere depresso o oscillante da una pola-
rità all'altra, e si accompagna ad agitazione,
ansia particolarmente difficile da sopportare,
a volte anche irascibilità e aggressività.

Così il suicida non è oppresso dalla "tristezza", ma piuttosto dall'"irrequietezza", da una
condizione instabile, non controllabile, che
può generare comportamenti violenti nei pro-
pri confronti e non solo.

Si sta male ma allo stesso tempo si è in forze,
attivi, ed è la condizione più pericolosa,
c'è impulsività.
Lo "stato misto" può insorgere spontanea-
mente o come effetto di una diagnosi sbagliata: per esempio, se un paziente in "stato
misto" viene curato con un antidepressivo,
senza stabilizzatori efficaci, il rischio aumenta.

Cos'è meglio fare allora? Una diagnosi pre-
cisa. E non solo in base a come lo psichiatra
"vede" il soggetto in quel momento, ma anche
in base alla sua storia clinica, che comprende
quella della sua famiglia.

Per esempio, un paziente che ha familiari con disturbi di ansia e alcolismo e appare depresso, potrebbe appartenere allo spettro bipolare. Spesso ciò che nelle prime diagnosi viene considerata una depressione maggiore unipolare si rivela un disturbo bipolare ereditario (come predisposizione, poi agisce anche l'ambiente), soprattutto tra pazienti con esordio giovanile e frequenti episodi depressivi ricorrenti, per esempio tra le donne che hanno sofferto di grave depressione dopo il parto.

E.G.

Professor Savino, quando una persona,
in tempi relativamente rapidi, matura il
proposito di uccidersi, la psicoterapia
diventa superflua?

M.S.

La risposta è sì. È vero che la psicoterapia è molto cambiata, esistono nuove
tecniche e alcune sono molto importanti.
Ma la psicoterapia che dice: "Facciamo
un percorso, ricostruiamo tutto dall'infanzia, non prendere medicine perché ne
devi uscire da solo", in quel momento di
emergenza è una perdita di tempo, anche
perché il paziente sta talmente male che
difficilmente riesce a trarre giovamento da
quelle tecniche.

"Nessuno si suicida perché vuole morire"

Tiffanie DeBartolo

E.G.

Momenti di emergenza che ogni psichiatra ha vissuto in prima persona...

M.S.

Per fortuna e toccando legno, i miei pazienti suicidi, in quasi trent'anni, sono stati davvero pochi.

E.G.

Ci torneremo. Ma intanto concludiamo il discorso sulle cause, sulle interpretazioni. Fino a ieri, il suicidio sembrava perlopiù legato a variopinti fattori psicologici...

M.S.

Oggi possiamo dire che il suicidio si può prevenire solo se la diagnosi è corretta ("stato misto", ovvero depressione + agitazione), indipendentemente dalla causa del disagio. Se il paziente risponde allo stress con una depressione rallentata - il soggetto immobile a letto, per intenderci - rischia meno; se risponde con ansia e irrequietezza, rischia molto di più.
E se sto rischiando il suicidio è inutile ripercorrere la storia della mia vita, devo prendere il litio, ricorrere all'elettroshock... Non è il tempo delle parole.

CAPITOLO 2

La rivincita dell'elettroshock

A che punto è la ricerca scientifica nel debellare la depressione, malattia ancora oggi sottovalutata, anzi, a volte non considerata nemmeno come patologia?

La depressione, in molti Paesi del mondo, Italia compresa, è la seconda causa di invalidità sociale e lavorativa dopo le malattie cardiovascolari. Esiste una depressione clinica che non è tristezza o scoramento ma è un'insopportabile angoscia senza speranza, e questa malattia corre nelle famiglie, soprattutto per via ereditaria. Ci sono buoni farmaci antidepressivi, buone tecniche...

Il 18 giugno 2002, dopo la sconfitta dell'Italia contro la Corea ai Mondiali di calcio, chi scrive conobbe il momento più oscuro della sua vita. Non per la partita, naturalmente: in seguito a un divorzio, ero rapidamente caduto in preda a una violenta disforia, una sorta di dottor Jekyll e signor Hyde.

Il professor Mario Savino mi curò ricorrendo alla Tec (terapia elettro convulsivante), il cosiddetto elettroshock. Eppure sulla Tec c'è ancora diffidenza...

Da giovane specialista, Savino ha praticato questa tecnica toccandone con mano i rischi, ma anche i benefici. Era un sistema che si prestava a essere stigmatizzato come tortura di Stato, per via di un enorme pregiudizio. Ebbene, diciamo chiaro e forte che è una delle terapie antisuicidio più efficaci perché cura i cosiddetti "stati misti" e non solo la depressione, perciò anche l'agitazione, e perché ha un effetto molto rapido.

Smetteremo di leggere online cose ridicole come "torture tipo Auschwitz" quando le nuove pratiche più leggere e semplici di stimolazione, da somministrare senza anestesia, come quella magnetica o elettrica diretta, potranno sostituire la Tec. Anche se va aggiunto che, fino a questo momento, spesso le nuove tecniche impiegano più tempo per raggiungere l'obiettivo.

Contro la Tec, ci sono state addirittura trasmissioni televisive in prima serata. Come quella in Italia, alla presenza di Athanasios Koukopoulos, scomparso nel 2013 a 83 anni, un vero guru della psichiatria, allievo degli inventori italiani dell'elettroshock, che ha contribuito a superare il coma insulinico, potenzialmente mortale, semplicemente provocando una convulsione con una piccola quantità di corrente. Il presentatore quasi insultò in diretta il professor Koukopoulos perché nel suo programma non voleva sentir parlare di elettroshock. Semplicemente una manifestazione di ignoranza dei vantaggi della terapia.

In realtà Koukopoulos aveva ragione: in un paziente depresso che non reagisce ai farmaci o non li tollera, la Tec è l'unico strumento che può dargli sollievo senza renderlo euforico o suicidario. «Hanno fatto molti più danni i farmaci usati male», sottolinea Savino. Perché non è facile curare con le medicine. Ci vogliono tempi lunghi, si va per tentativi, non è un giochetto trovare la pastiglia più efficace. La Tec, con le sue poche controindicazioni (in certi pazienti non si può fare), sicuramente dà un giovamento. Oggi grazie alla nuova Tec monolaterale non c'è neanche quasi più il rischio di perdere la memoria, una piccola parte in ogni caso e che più in là si recupera. «Poi, per carità, la gente può dire tutte le stupidaggini che vuole», conclude Savino.

La depressione coinvolge tantissime persone,
e le loro famiglie.
Ma ci sono nuove terapie, nuove strategie per
arginarla, anche scrutando le ricerche in corso, guardando ai prossimi anni.

Innanzitutto, oggi i medici pongono più attenzione alle diagnosi che comportano rischi
elevati, che purtroppo a volte vengono gene-
ricamente classificati solo come depressione
e trattati parzialmente o comunque in modo
non perfettamente corretto secondo le linee
guida. Poi, nuovi farmaci tra qualche anno
saranno a nostra disposizione. E ci sono le
terapie di stimolazione, come la terapia magnetica transcranica o la stimolazione diretta, che stanno fornendo risultati promettenti.
Non come la Tec, il moderno elettroshock,
che rimane la regina. Per la verità, alcuni raccontano o scrivono che la Tec funziona per-

ché crea un'amnesia: così noi, scordando le nostre pene, miglioriamo. Un'opinione assai discutibile. L'amnesia non è così stabile e profonda, non è così duratura e neanche così importante. Riguarda di solito il periodo delle applicazioni. Poi la persona, Tec o non Tec, si ritrova con gli stessi problemi di prima. Però il miglioramento dell'umore c'è, indotto dalla crisi convulsiva.

Rispetto al passato, oggi è più diffusa la depressione maggiore, che può essere bipolare o unipolare, ovvero non alternata a mania, eccitazione, agitazione, iperattività. Negli ultimi anni, pure la percentuale delle depressioni bipolari è aumentata, anche perché gli psichiatri sono diventati più bravi a individuarle nelle forme meno tipiche. Non si tratta più di piccole quote, ma di una fetta importante di casi. Se non ci si limita alla visita al momento e si fa un'anamnesi più accurata per scoprire certi indicatori - anche con l'ausilio di qualche familiare - possiamo accorgerci che si tratta di una depressione bipolare anche se nel soggetto non si sono mai manifestate fasi maniacali. Così non rischiamo di essere noi a peggiorare la situazione con gli antidepressivi. Che vanno usati con attenzione perché, se la diagnosi non è giusta, il paziente può peggiorare.

Si dice che gli antidepressivi siano un po' un terno al lotto, difficili da "azzeccare"... Sicuramente sono armi preziose, da maneggiare con cura. Qualsiasi farmaco, se sbagliato, o non serve a nulla o peggiora il disturbo. Gli antidepressivi sono stati a lungo usati, anche troppo, in quelle depressioni dove non andavano impiegati oppure andavano associati a uno stabilizzatore dell'umore o a un antipsicotico che avesse un effetto frenante sulla componente di agitazione/ansia. Funzionano ancora i farmaci triciclici, anche se sono un po' vintage...

Il problema è che in molti Paesi c'è una prescrizione di litio - eccellente stabilizzatore dell'umore - inferiore alle necessità. Questo rivela che in alcuni professionisti manca lo studio della combinazione farmaco stabilizzatore. In teoria, la terapia ideale nella depressione bipolare è affidata solo agli stabilizzatori.

In pratica, ci sono situazioni dove una fase depressiva persiste o è particolarmente grave e perciò bisogna aiutare il paziente, dargli sollievo, utilizzando antidepressivi considerati, rispetto ad altri, meno capaci di indurre agitazione.

Un grave errore è curarsi da soli, con o senza farmaci. È fondamentale chiedere aiuto, avere un rapporto con una seconda persona. Insomma, bisogna che il depresso abbia voglia di curarsi e di curarsi sul serio. Non è facile, perché la depressione si accompagna a sensazioni di inguaribilità, di certezza che nessuno ci potrà mai aiutare. Racconta Mario Savino: «Ho un amico che per due anni si è sottoposto regolarmente alle cure, aveva avuto un episodio grave. Non capivo perché non riuscisse a riprendersi. Poi, quando finalmente è stato meglio, assumendo i farmaci, mi ha confessato che per due anni non li ha presi, li teneva nel cassetto, e continuava a stare a casa, a letto tutto il giorno. Per alcuni è "umiliante" prendere le medicine, per altri è faticoso. Nei casi di depressione maggiore c'è l'idea che non ci sia niente da fare, che sia inutile prendere pastiglie. L'ansioso, invece, ha attacchi di panico e in genere chiede aiuto. Il mio amico si è fatto due anni neri, senza dirlo a nessuno. Ora sta prendendo il litio. Anche lui un bipolare: mai avuto vere fasi maniacali, però una persona iperattiva, estremamente estroversa e creativa, che viaggiava con una marcia in più rispetto agli altri. Ma aveva in famiglia geni predisponenti che, assieme a fattori esterni ambientali, hanno fatto sì che si ammalasse».

C'è chi interrompe volontariamente le cure contro la depressione, perché evidentemente si sente meglio. Ma è pericolosissimo sospendere, soprattutto gli stabilizzatori. Il litio, o gli antipsicotici come la clozapina, sono associati a un'altissima percentuale di ricaduta dopo la sospensione. In pratica, per i pazienti gravi, sono salvavita.

"La molla del suicidio, a volte, è l'istinto di autoconservazione"

Stanislaw Jerzy Lec

Si può ridurre il dosaggio, il paziente spesso
spinge per ridurre la terapia farmacologica:
è contento, si sente gratificato, ha questo ri-
conoscimento di salute, di miglioramento, ma
è molto pericoloso diminuire
o addirittura smettere.

Come nelle automobili, le prime spie che si
accendono quando ci stiamo per fermare
sono i disturbi del sonno, la perdita di entu-
siasmo, la riduzione della memoria e della
concentrazione, il disinteresse sessuale. In
generale, un'attenuazione dei segni di vitalità.
L'appetito può aumentare o ridursi, perciò su
quei sintomi non si fa troppo affidamento.
Oppure, quando si preferisce passare il tempo a casa da soli a guardare la tv, non si legge
più e magari si comincia a soffrire di mal di
testa o altri disturbi fisici.

Molti pazienti raccontano di essere stati bene
e di essere precipitati nella malattia nel giro
di pochissime ore, anche con "metamorfosi"
fisiche, come per esempio un rigonfiamento
della gamba o della caviglia. Ovvero, il cervello si ammala ma anche il resto del corpo non
scherza. Perché la depressione è una malattia
sistemica, di tutto l'organismo, ci sono alterazioni di varie funzionalità, come quella intesti-
nale, cognitiva, della vista o dell'energia fisica,
alterazioni endocrine, ormonali.
È sbagliato dire che si tratti solo di una malattia mentale: coinvolge in maniera comprova-
bile quasi tutto l'organismo.

Ma quando si verifica una maggiore inciden-
za di suicidi? In genere, all'inizio della terapia
farmacologica. Mentre il litio non è ancora
"attivante", l'antidepressivo agisce lentamen-
te e spesso con un peggioramento iniziale.

Inoltre il depresso può trovarsi in una condizione di maggior iniziativa (grazie alla terapia) mentre l'ideazione è ancora pessimistica e senza speranza. In questo modo, il tentativo di suicidio è più probabile. Perciò il manuale di "pronto intervento" è: diagnosi accurata e prudenza con l'uso degli antidepressivi, oltre alla scelta risoluta di trattamenti rapidamente efficaci, come le terapie cosiddette fisiche che non contemplano l'uso di farmaci o affiancano l'uso di farmaci a terapie messe in atto attraverso la stimolazione celebrale.

Il vecchio shock, per esempio, era una terapia fisica, è stata la prima forse realmente efficace, anche se all'inizio si trattava di una stimolazione pericolosa che produceva crisi epilettiche, con sostanze come il cardiazol o l'insulina. Oggi, con la moderna Tec, si ottiene una crisi convulsiva che è in sé terapeutica.

Nelle autopsie di pazienti che hanno subito centinaia di applicazioni Tec durante la loro vita, non ci sono danni cerebrali perché, come tutte le terapie di stimolazione e come i farmaci, queste tecniche inducono una proliferazione dei neuroni, aumentano il numero di connessioni. Altre tecniche non sono ancora efficaci quanto la Tec, ma sono di aiuto in certe forme di disturbi mentali resistenti ai farmaci. Sono sostanzialmente basate sulla stimolazione magnetica che di solito non causa una crisi convulsiva. Altre tecniche sono la stimolazione encefalica con corrente diretta - anche questa non induce una crisi epilettica ed è indolore - e la stimolazione vagale, tramite il nervo vago. Come si vede, c'è un vasto spettro di possibili interventi, che coinvolgono anche la neurochirurgia funzionale, ovvero la neurochirurgia meno invasiva possibile, fatta col posizionamento di elettrodi in zone precise dell'encefalo, che sono utili contro la depressione ma anche contro il disturbo ossessivo-compulsivo grave e resistente a farmaci e psicoterapia, morbo di Parkinson e altri disturbi neurologici.

Tutte queste tecniche sembrano avere come denominatore comune l'idea di "rimettere in moto qualcosa", come quando si dava una botta al vecchio televisore che faceva i capricci. In realtà, spesso capita non di "rimettere in moto" ma di dover inibire qualcosa. Per esempio, nella stimolazione endocranica profonda, gli elettrodi solitamente possono inibire nuclei di cellule iperattive che causano un disturbo. Insomma, a volte non si usa l'acceleratore, ma il freno.

Il senso di colpa, vero o presunto, è uno degli elementi scatenanti della depressione. In generale, anche senza causare danni madornali, quando interpretiamo ogni evento come nostra colpa o quando ingigantiamo errori banali che in realtà non hanno causato alcunché di negativo, insomma quando ci si sente colpevoli di tutto, delle sorti del mondo e così via, questi sono chiari segnali di un soggetto depresso.

E c'è anche il senso di colpa di chi sta accanto al soggetto suicida, parenti, amici («potevo fare di più...»). Anche qui teniamo sempre presente l'esperienza scientifica, i dati. Per alcune persone è geneticamente più facile arrivare a togliersi la vita, di solito per disturbi dell'umore ma non sempre; ci sono anche soggetti che hanno semplicemente storie di suicidio o tentato suicidio in famiglia.

"In genere, non è in un impeto di ragionevolezza che ci si ammazza"

Voltaire

Perciò alcuni si uccidono non perché stiano peggio di altri, o addirittura per colpa nostra («potevo fare di più»), ma perché spesso c'è una predisposizione che li induce a comportarsi in modo autodistruttivo. La "colpa" di chi sta accanto al soggetto suicida non è rilevante come si pensa. Una buona componente è dettata dalla genetica, dal tipo di funzionamento del nostro cervello, che in alcuni di noi è più protetto da neurotrasmettitori che lavorano in maniera adeguata e in altri meno.

Oltre al lutto, perciò, non aggiungiamo il senso di colpa.

E.G.
Professor Savino, è vero che la depressione
può essere scatenata anche da una
semplice influenza?

M.S.
Depressione, compromissione delle difese
immunitarie, infiammazione ed altre reazioni dell'organismo sono sempre state og-
getto di studio. Inoltre la ricerca sulle possibili cause della depressione ha da tempo
individuato fattori di prima importanza
(genetica, fattori ambientali come traumi
e stress protratti, malattie endocrine) così
come concause, fattori che agiscono solo
in concomitanza di condizioni favorenti, in
soggetti fortemente predisposti.

Fra queste concause era stata inclusa l'infiammazione (ho sempre consigliato la vac-

cinazione antinfluenzale ai miei pazienti
per ridurre il rischio di ricadute) ma, pare,
sarebbe proprio l'infiammazione a far sì
che lo stress possa causare depressione,
ovvero sarebbe ciò che arma lo stress nel
provocare depressione. Questo nuovo
ruolo dell'infiammazione sta comportando
nuove implicazioni nella cura e nella prevenzione dei disturbi dell'umore.

E.G.
Quali sono i meccanismi depressogeni
dell'infiammazione?

M.S.
Una semplice influenza può far diminuire serotonina e noradrenalina che sono
trasmettitori importanti nel mantenere un
adeguato tono dell'umore.

Oltre a questo, le infiammazioni aumentano il livello di cortisolo, un ormone dello stress solitamente elevato nelle persone depresse.

Oggi, fra le terapie per la depressione di comprovata efficacia, ve ne sono molte che hanno anche effetti antinfiammatori. Un esempio sono gli antidepressivi come gli Ssri (inibitori selettivi della ricaptazione della serotonina), ma anche l'erba di San Giovanni e gli acidi grassi Omega 3.

Oggi supponiamo che l'infiammazione sia un fattore chiave nella depressione e che lo stress psicofisico - noto fattore depressogeno - provochi una risposta infiammatoria dell'organismo, a sua volta in grado di scatenare la depressione.

E.G.
Insomma, gli antinfiammatori entrano di diritto nella psichiatria?

M.S.
Infiammazione e depressione sembrano strettamente collegate. Si potrebbe ipotizzare che almeno una parte di pazienti depressi possa giovare anche di un trattamento antinfiammatorio, questo almeno quando il quadro dei rapporti depressione-infiammazione sarà ulteriormente chiarito in tutti i suoi aspetti.

CAPITOLO 3

Donne e giovani

E.G.

Professor Savino, le donne si suicidano molto meno degli uomini. È perché hanno meno forza fisica? Abbiamo visto che ci vuole veemenza per suicidarsi...

M.S.

Però le donne tentano di suicidarsi molto più degli uomini. La donna ci prova senza riuscirci. In parte perché il suo gesto è meno violento, come nel caso del farmaco in eccesso, in parte perché ha una vita affettiva e una reattività alle circostanze più elaborata rispetto al maschio.
A volte all'origine di un tentato suicidio femminile c'è una recriminazione o una richiesta di aiuto.

E.G.

Un nuovo farmaco per trattare la depressione
post-partum è stato approvato recentemente
dalla Food and Drug Administration, l'agenzia
che si occupa di verificare la sicurezza dei farmaci negli Stati Uniti. Sono circa il 15 per cento le donne che avvertono disturbi dell'umore
nelle settimane successive al parto...

M.S.

Sì, è molto interessante, è il primo dei
nuovi farmaci che stiamo aspettando, un
ormone. I prossimi farmaci che ci daranno
una mano saranno ormonali e antinfiammatori. La ketamina sembra invece un po'
in calo a causa degli effetti psicotici che
tende a provocare.

"Anche se ero
una bambina felice,
ho sofferto.
E questa sofferenza
era come un masso"

E.G.

Giovani e suicidio:

ci sono dati preoccupanti?

M.S.

Purtroppo sì.

Per loro il suicidio è la seconda causa di morte dopo gli incidenti stradali. C'è un problema di alcolismo dilagante rispetto a qualche anno fa, le feste dei nostri figli si risolvono spesso con un caso di coma etilico, c'è un uso dell'alcol non tanto maggiore ma più concentrato in determinate occasioni, in quantità pericolose.

Così vengono meno i freni inibitori: arrivano al suicidio soggetti che non avrebbero mai compiuto un gesto del genere in stato di lucidità. Il giovane inoltre è più impulsivo dell'adulto, e spesso viene facilmente fomentato da certe dinamiche, tipo le famose sfide virtuali in Rete. Alcol e web è un cocktail micidiale.

E.G.

I giovani rischiano il suicidio più di altre fasce d'età. È anche colpa del bullismo?

M.S.

I maltrattamenti possono indurre depressione e rabbia, spesso idee di morte. Anche qui conta la diagnosi: un fobico sociale, un dismorfofobico preso in giro per un difetto fisico, che lui vive come ripugnante, rischiano molto di più. In giovane età, tanti possono essere i fattori scatenanti, persino certa musica metal. Di recente una ragazza malese di 16 anni si è suicidata dopo aver postato su Instagram un sondaggio dove chiedeva ai follower se dovesse suicidarsi o meno. Il 69 per cento degli utenti ha votato per il suicidio e la ragazza si è tolta la vita.

Un team di ricerca del National Institute of Mental Health ha recentemente rilevato che quasi un terzo dei giovani di età compresa tra 10 e 12 anni è risultato positivo al rischio di suicidio nelle strutture di pronto soccorso degli Stati Uniti. «In genere, i pensieri e i comportamenti suicidi sono avvertiti nei ragazzi più grandi. È preoccupante vedere che così tanti preadolescenti prendano in considerazione un'ipotesi così terribile», ha detto Lisa Horowitz, scienziata dell'istituto.

"Quand'ero
piccolo, a Brooklyn,
nessuno si è mai
suicidato.
Erano tutti
troppo infelici"

Woody Allen

CAPITOLO 4

Media, pericolosità sociale e suicidio assistito

Si legge spesso di "mistero", di "gesto incomprensibile", anche sui giornali più blasonati, nelle cronache che raccontano un suicidio. Soggetti "brillanti" e "iperattivi" che si ammazzano tra lo stupore generale. Mentre sappiamo che è esattamente lo "stato misto", l'irrequietezza, l'agitazione, la capacità di passare all'azione a rendere più pericoloso un disturbo depressivo rimosso o non curato adeguatamente. Su questo tema, permane un'ignoranza quasi medievale anche nei ceti sociali meno sprovveduti. Facciamo luce una volta per tutte: nella stragrande maggioranza dei casi, non c'è alcun mistero. Il suicidio è l'epilogo più tragico di una malattia assai diffusa, il disturbo depressivo. Non si può sentire, oggi, chi parla ancora di "mistero".

Eppure i giornalisti fanno molta attenzione a come dare la notizia di un suicidio, al linguaggio, a come affrontare il racconto di un episodio così inquietante. Capita anche di non dare eccessivo risalto, un piccolo riquadrato a fondo pagina, come se il pudore/timore avesse il sopravvento. L'Organizzazione mondiale della sanità edita periodicamente un manuale a tema, con le linee guida per gli operatori della comunicazione. È un comportamento che in qualche modo aiuta a salvare altre vite? Non "strombazzare" l'avvenimento può essere considerata una forma di prevenzione?

Qui bisogna essere molto chiari: va certamente evitata la diffusione di certe tecniche utilizzate dai giovani, dai ragazzini che, negli ultimi tempi, rischiano la vita "divertendosi" a sfiorare il limite con la morte, commettendo "suicidi parziali". Purtroppo la Rete è prodiga di queste "istruzioni".

Inoltre, l'Oms si riferisce a suicidi al di fuori della nostra cerchia familiare, per esempio i personaggi famosi, dove può scattare l'emulazione. Molto diverso è il discorso sulla sfera privata. Qui l'idea che parlare di suicidio sia "contagioso", che indagare sulle volontà di una vittima significhi istigare chi già soffre di una patologia psichiatrica, è infondata. «Anzi», va oltre Savino, «alcuni studi dimostrano che eventi traumatizzanti come il suicidio di un conoscente riducono il rischio nel soggetto che apprende la notizia».

Il contrario di quello che abbiamo sempre pensato. Il suicidio, in questi casi, diventa consolatorio e anche ammonitore. Si inizia a riflettere: "Peccato, poteva risolvere i suoi problemi in tanti altri modi e ora non possiamo fare più niente...". È uno shock che ci permette una pausa nel caso stessimo proget-

tando un suicidio. Perciò non bisogna avere
cautele. Parlarne chiaramente, chiedere se
ci sono pensieri suicidari e capire come mai,
giova a una persona in difficoltà, perché la induce a chiedere aiuto, cosa non facile.

E.G.

Il potenziale suicida è anche un pericolo per
la società? Muoia Sansone... Professor Savino, ricorda i casi di piloti che hanno utilizzato
il loro aereo per suicidarsi? Il suicida non fa
male a nessuno se non a se stesso, si dice.
Ora, mi pare che il discorso sulla prevenzione
sia importante anche perché, alla prova dei
fatti, il gesto può coinvolgere altre persone. Il
suicida non è necessariamente un non violento nei confronti dell'altro.

M.S.
Il suicida è un pericolo anche per la società. La madre che soffre
di depressione post-partum pensa con-
tinuamente a come sopravvivrà il figlio
quando lei non ci sarà, così crede sia meglio morire prima insieme.

Un medico legale mi ripeteva l'altra sera
a cena: "Le mamme uccidono i bambini
piccoli, i padri ammazzano i figli grandi".
I padri eliminano i figli adulti perché possono entrare in crisi per un accumulo di
litigi, per soldi, incomprensioni, un dete-
rioramento del rapporto che, unito all'in-
vecchiamento del cervello, porta alla perdita di certi meccanismi di sicurezza.

Attenzione, però: è difficile che sia il depresso profondo a uccidere e poi suicidarsi; si tratta sempre di soggetti in preda allo "stato misto", dove la depressione si associa o alterna a rabbia, agitazione, aggressività, talvolta psicosi.

E.G.

C'è una bellissima frase: "Nessuno si suicida perché vuole morire", lasciando intendere che ci si toglie la vita per eliminare il dolore.

Nella mia esperienza, ricordo che ero veramente esausto nel sentire il peso che mi opprimeva, quel senso di emarginazione, di solitudine, di desiderio del nulla, di non voler vedere nessuno, non voler parlare, mangiare, dormire... Un buio che vuoi troncare: è vero, non vuoi ucciderti, solo interrompere una sofferenza... Ma cambiamo scenario. Ho rivisto i drammatici video di dj Fabo, cieco e tetraplegico in seguito a un incidente stradale (alla guida, si era chinato per raccogliere il telefonino), poi suicida assistito nel 2017 in Svizzera. Non era assolutamente depresso. Non è stato un suicidio da depressione. Qui entriamo in un altro ambito, quello della incurabilità, dell'estrema menomazione fisica che ti porta alla volontà di farla finita. Non è certamente il primo caso.

Secondo lei, abbiamo il diritto di essere aiutati e assistiti in determinate circostanze? Quali?

M.S.
Sì, penso sia un diritto, anche se il diritto in molti Paesi dice il contrario. A tutti noi capita di chiederci chi potrà aiutarci quando magari saremo straziati dal dolore in maniera così insopportabile, per esempio

se saremo paralizzati e avremo attorno solo persone che si accaniscono a mantenerci in vita. Oggi, in molti Paesi, c'è uno scudo legislativo che impedisce, a chi ci vuole bene, di aiutarci a oltrepassare la sofferenza quando, dopo anni e anni, la terapia non ha prodotto risultati o quando una terapia non esiste proprio.

"Se il corpo non assolve
più le sue funzioni, non
è meglio liberare l'anima
dalle sofferenze?
E forse bisogna agire in
tempo perché, arrivato
il momento, non ci si
trovi nell'impossibilità di
farlo: vivere molto male è
peggio che morire prima"

Seneca

CAPITOLO 5

Una vita da psichiatra

E.G.
Professor Savino, lei nasce a San Severo, in
Puglia, nello stesso palazzo e negli stessi anni
di un artista famoso, Andrea Pazienza.
Com'è stata la sua infanzia?

M.S.
Felice.

E.G.
E allora perché questa vocazione a occuparsi
dei "pazzi"?

M.S.
Volevo fare l'illustratore, come Andrea.
Solo che, quando eravamo piccolini, lui
disegnava già cose incredibili, mentre io
facevo semplici schizzi.
Insomma, mi convinsi che non ero abbastanza bravo.

Mio padre ha lavorato tutta la vita come biologo, nel suo laboratorio di analisi, il mio bisnonno era medico e in una riunione di famiglia fu invitato anche un amico cardiologo... Così tutti mi spinsero a fare medicina, che evidentemente all'epoca consideravo un ripiego. Scelsi l'università di Pisa. Ascoltai una lezione del professor Cassano che parlò di reazioni ansiose in prima persona; il suo approccio fu molto pratico e lontano da quella che era l'idea della psichiatria ai tempi. Dalle sue parole ebbi l'impressione che ci fosse la possibilità di avvicinarsi alla psichiatria con un taglio nuovo, più "medico", erano i primi anni, si cominciava a parlare di basi neurobiologiche, terapie farmacologiche efficaci, meccanismi d'azione delle diverse terapie farmacologiche e fisiche e così via. Quella lezione fu illuminante, così comin-

ciai a prepararmi con l'intenzione di fre-
quentare il suo reparto. Ed eccoci qua.

E.G.

In oltre trent'anni di professione, avrà avuto
pazienti che non ce l'hanno fatta...

M.S.

Pochi, per fortuna.

E.G.

Li considera un suo fallimento?

M.S.

Diciamo un dolore. Ma in realtà in medicina non è che se sei bravo salvi il mondo e
se non lo sei muoiono tutti.
Un cardiologo non riesce a evitare l'infar-
to a tutti i suoi pazienti. I "fallimenti" sono
meno di dieci, è successo raramente.

E.G.
Li può raccontare?

M.S.
Be', un imprenditore toscano che aveva
tutto per essere felice, non aveva problemi economici… Soffriva di una depressione ricorrente di tipo bipolare, aveva
momenti di euforia alternati a stagionali
episodi depressivi che non sempre riusci-
vo a prevenire con gli stabilizzatori. Un
giorno gli capitò un grande affare che poi
sfumò. Vide aggravarsi la fase depressiva, gli consigliai un ricovero, in una clinica
specializzata. Accettò.
Sembrava stesse migliorando, tornò a
casa. Ma poi si suicidò con una pistola
che teneva in ufficio.

E.G.

Le aveva detto che aveva un'arma da fuoco?

M.S.

No, ma è morto dopo l'intervento chirur-
gico, che forse non è riuscito bene; era un
piccolo proiettile che non si era frammen-
tato e non aveva colpito centri vitali.

E.G.

Ricorda il caso del cantante Gino Paoli, che ha
ancora un proiettile nel pericardio? Lui tentò il
suicidio con un'arma leggera e il proiettile ri-
mase in una zona dove non produceva danni: i
chirurghi ritennero che fosse meglio
non intervenire.

M.S.

No, non lo sapevo. Perciò lui nelle lastre
ha questo pallino... Ha avuto fortuna.

E.G.
Altri suoi "fallimenti"?

M.S.
In quasi tutte le occasioni, queste persone erano state affidate a un istituto di ricovero, perché le loro condizioni si erano aggravate e il rischio autolesivo era aumentato. Sono stati ricoverati in ospedale, una persona è stata invece indirizzata dai medici della struttura al day hospital. Aver individuato il rischio e aver inviato i pazienti alla struttura di ricovero alleggerisce il mio dispiacere, che inevitabilmente c'è... Alcuni psichiatri hanno un vero shock in seguito al suicidio di un loro paziente. Ma fa parte del nostro lavoro.
Non nel 100 per cento dei casi si previene una disgrazia.

E.G.
Con che disturbi si sono presentati gli altri
suoi pazienti che non ce l'hanno fatta?

M.S.
Ricordo un commerciante che era in "stato misto" e faceva uso di cocaina. L'avevo
ricevuto in un periodo quando sembrava
lievemente depresso, poi è sparito per un
po' e si è ripresentato molto agitato, addirittura da interrompere la visita e scap-
pare. Si è poi suicidato, ma non c'è stato
modo di intervenire, è stata una cosa davvero improvvisa.

E.G.
Ma lei ha capito che era una persona
a rischio?

M.S.

Be', era evidentemente a rischio, era so-
vreccitato, però non c'è stato modo di
salvarlo, di bloccarlo, di chiedere un trattamento sanitario obbligatorio perché si è
allontanato rapidamente e senza far ritor-
no a casa.

E.G.

In queste circostanze, lo psichiatra
che poteri ha?

M.S.

Si può richiedere il trattamento sanitario
obbligatorio (Tso) che il sindaco concede.
In tempi diversi, perché si fa intervenire il
118, il paziente viene portato in ospedale
e poi lì è a discrezione della struttura l'e-
ventuale ricovero: se il paziente afferma
di voler seguire la terapia e appare calmo,

non c'è modo di trattenerlo. Ma in quel caso non ci fu il tempo materiale. Una percentuale di rischio c'è sempre, si spera non si verifichi... Se il medico ospedaliero concorda allora si attua il trattamento sanitario obbligatorio che viene fatto contro la volontà del paziente.

E.G.
Ovvero, lei chiama i carabinieri e diventa una specie di giudice che arresta una persona...

M.S.
Sì, per sette giorni, col consenso di un secondo psichiatra e col sindaco che poi successivamente ratifica la cosa quando è già avvenuta.

E.G.
Torniamo ai suoi pazienti più sfortunati.

M.S.
Una signora, dirigente della Scala, resistente ai trattamenti, era stata inviata a un ospedale milanese dove hanno ritenuto di non ricoverarla: le hanno fatto fare una terapia in day hospital, seguendola. Non so come sia riuscita a suicidarsi, non l'ho più sentita. Poi, ricordo uno schizofrenico che dopo vent'anni di trattamenti si è ustionato e non è sopravvissuto. L'avevo seguito fino a qualche anno prima, stava benino, poi non so cosa sia successo, ha fatto questo gesto clamoroso, forse aveva smesso le cure o gliele avevano cambiate.

E.G.

Quanti pazienti ha avuto all'incirca nella sua carriera? Mille?

M.S.

Mah.. non saprei, più di mille, perché ho iniziato a lavorare molto presto, sia in ospedale sia negli ambulatori».

E.G.

Soprattutto uomini tra quelli che non è riuscito a salvare...

M.S.

Già... Ricordo bene però anche una signora con ansia e depressione che si defenestrò. Ci fu una scarsa risposta ai farmaci e la situazione era grave, l'avevo fatta ricoverare in un reparto di psichiatria a Torino. Andai a trovarla. Avvenne tutto velo-

cemente: la valutazione della situazione
di rischio, il ricovero, il suicidio appena
tornata a casa...
C'erano cause esterne legate al lavoro del
marito, spesso in viaggio: non si creava
un vero rifugio stabile nella famiglia, non
c'era appagamento, aspettative che non
si verificano...
L'aggravante era la presenza contempo-
ranea di un disturbo bipolare e di attacchi
di ansia molto forti, che hanno configurato
un inasprimento dello "stato misto", presente all'inizio solo in maniera subclinica.
Successivamente incontrai il marito, aveva
bisogno di una spiegazione, abbiamo definito insieme le cause probabili,
c'era anche una familiarità per suicidio
nella famiglia di lei... Non possiamo cam-
biare argomento?

E.G.

Mi racconti allora una guarigione "miracolosa".

M.S.

Quella che ricordo con maggiore piacere
riguarda la moglie di un produttore mu-
sicale, non italiano, che da anni aveva un
disturbo bipolare con depressioni terribili.
Venne da me dopo aver girato a lungo:
Svizzera, Germania (dove era stata truffa-
ta con falsi esami). Faceva fatica anche a
parlare, in uno stato di depressione profonda alternata a ormai remote fasi di euforia. Sembrava senza speranze. Aggiunsi
un po' di litio alla terapia che aveva in
corso e dopo pochissime settimane stava
molto meglio.

Un'altra paziente venne in studio dopo
aver tentato un suicidio per defenestra-

zione: si era salvata, davvero miracolosa-
mente. Soffriva di un disturbo ossessivo
associato a un disturbo dell'umore di tipo
bipolare. Anche lì, con il litio e un farmaco
antiossessivo, la terapia cominciò a dare
benefici. Saranno passati circa vent'anni,
non ha più avuto ricadute, la vedo ancora.

E.G.

A proposito del litio, quando se n'è capita
l'importanza? È una scoperta fondamentale
per la psichiatria,come la Tec?

M.S.

La psichiatria ha una storia farmacologica
recente, che risale agli anni '40-'50, e del
litio si notò subito l'effetto positivo su pazienti schizofrenici, maniacali. La peculia-
rità del litio, che non ha veri farmaci rivali,
è quella di prevenire abbastanza bene sia

le fasi euforiche sia quelle depressive. Il litio una volta interrotto può essere riutilizzato, ma richiede un po' più di tempo per ricominciare a funzionare, e questo ha fatto pensare che non potesse essere efficace una volta interrotto, invece è solo questione di pazienza.

Se dato in base a una diagnosi esatta, è pericoloso sospenderlo perché spesso in quei casi c'è una ricaduta maniacale o depressiva e un rischio di suicidio abbastanza elevato. Nelle dosi giuste e ben utilizzato, è anche un farmaco maneggevole: i rischi di intossicazione sono bassi, gli esami e il controllo medico possono evitare i possibili effetti collaterali. Chi sente parlare del litio spesso è preoccupato di dover fare esami del sangue a ripetizione, ma non è vero, basta fare un dosaggio ogni tanto e controllare gli organi che possono risentirne (come reni e tiroide). Il litio agisce abbastanza rapidamente, a volte cambia il quadro clinico anche nel giro di giorni o settimane. La cosa straordinaria è che chi risponde al litio molto spesso non ha ricadute, sta bene tutta la vita.

E.G.

È il re dei farmaci...

M.S.

Eh, non l'abbiamo ancora trovato il re dei farmaci. Per esempio, il litio, se sei un artista, può dare problemi perché può ridurre la creatività. Inoltre, il vero "re dei farmaci" non dovrebbe far ingrassare, dare disturbi sessuali, effetti collaterali noiosi, dovrebbe funzionare sempre e guarire la malattia in breve tempo permettendo al

paziente di sospendere il farmaco.
Perché tutti vogliono "farcela da soli".
Facciamo fatica ad accettare di non esse-
re autonomi.

CAPITOLO 6

Il suicidio negli animali

Le termiti, dotate di un vero equipaggiamento
da kamikaze, si lasciano scoppiare per difendere il termitaio, emanando una sostanza ve-
lenosa che non fa avvicinare i predatori.
Però, se è vero che Ettore sa di difendere
Troia, non sappiamo se le termiti abbiano la
stessa consapevolezza. Se sì, possiamo parlare non tanto di suicidio ma di atto eroico, una
forma di martirio.

E il cane che si lascia morire dopo la scom-
parsa del suo padrone o perché viene portato
al canile? Conosce le conseguenze della de-
nutrizione? Sa che non mangiare lo porterà
alla morte? In qualche modo, istintivamente,
è probabile. Però l'istinto è cosa diversa
dalla consapevolezza.

Racconta Flavio Giardinelli, direttore di una
clinica veterinaria tra Milano e Bergamo: «Ero

laureato da 4 o 5 anni, non si conoscevano ancora le scoperte più recenti sul comportamento psicologico degli animali. In un'area dove si rottamavano le auto, il proprietario teneva i cani legati alla catena di giorno, mentre la notte li liberava. Uno di questi è finito sotto una macchina ed è rimasto paralizzato agli arti posteriori, perciò si trascinava. A quel tempo eravamo alla preistoria, niente Tac o risonanza magnetica o chirurgia della colonna. A un certo punto il cane sparisce. Lo ritrovano senza vita in un canale artificiale abbastanza profondo dove c'era sempre un po' d'acqua, ma che in quel momento era stranamente prosciugato. Il mio primo pensiero è stato che il cane si fosse lanciato, che non fosse semplicemente caduto. Mi chiedevo se il cane fosse consapevole che stesse andando incontro alla morte. Era paralizzato, voleva farla finita? Neanche adesso abbiamo le conoscenze, non abbiamo gli strumenti per dirlo. Non possiamo dire se c'è consapevolezza o no. Noi parliamo di istinto, sia per le termiti sia per il cane. Mentre escludiamo il famoso "suicidio" dello scorpione quando viene circondato dal fuoco: in realtà, l'aracnide subisce contrazioni dovute al calore e a volte si infilza con il pungiglione, ma in maniera del tutto involontaria».

C'è l'altrettanto famoso ponte scozzese di Overtoun Bridge, teatro di diversi "suicidi" di cani, in realtà attratti da tane di visoni sottostanti. C'è il vecchio leone che si allontana dal branco e va a morire da solo nella savana. «Ma si allontana», spiega Giardinelli, «per non essere ucciso, perché è più debole, perciò va a cercare un rifugio. Il branco non può seguirlo perché sceglie di occuparsi dei piccoli. Gli animali vecchi o malati si allontanano perché

non vogliono essere un peso per il branco».
Non ci sono storie o scoperte di suicidi consapevoli tra gli animali, neanche tra gli scimpanzé. La depressione però è frequente e l'apatia e l'iporessia possono spesso condurre alla morte. Ma non si può parlare di suicidio finché non dimostriamo che gli animali sono in grado di conoscere e di prevedere le conseguenze dei loro comportamenti.
Senza forzature.

"Non abbiamo bisogno di umanizzare gli animali per trattarli con rispetto", ha scritto Jonathan Safran Foer.

Le sindromi depressive negli animali rispondono bene ai farmaci e alle psicoterapie. Racconta Mario Savino: «Un mio cane, un American Staffordshire, era molto timido in presenza di umani, così l'avevo portato da un

famoso allevatore, esperto in psicologia ca-
nina. Dopo un po' di incontri infruttuosi, ho
cominciato a dargli il Prozac, senza dire niente
all'allevatore.
In un paio di settimane, l'esperto mi ha comu-
nicato i fantastici progressi del cane, naturalmente grazie alla sua "terapia psicologica"...».

Conclude Giardinelli: «Credo che il suicidio
sia un'esclusiva degli umani».

Deep brain stimulation e altre macchine

Incontriamo Giuseppe Fazzari, psichiatra, specializzato nelle tecniche di stimolazione cerebrale con attrezzature specifiche.

«Sventare suicidi è la mia passione», sorride. «Nella famiglia di mia madre c'è stato un suicidio per ogni generazione. Se penso quando a 5 anni vedevo mia madre nel letto che non si alzava mai, ora quando vedo un depresso catatonico alzarsi e camminare sono felice, mi viene la pelle d'oca tutte le volte. Credo che la mia infanzia abbia pesato molto. Mi ricordo l'angoscia che avevo da ragazzino rispetto a certi racconti, che mi avevano molto segnato al punto da spingermi a combattere il fenomeno una volta adulto. Una guerra difficile. Mi colpisce che in tanti Paesi gli strumenti più importanti per prevenire l'azione suicidiaria non vengono utilizzati; per esempio la Tec, che è nata in Italia nel 1938, viene snobbata proprio nel mio Paese, mentre nel mondo, dove si fanno da un milione e mezzo a due milioni di trattamenti all'anno, è considerata una gloria della medicina; non ha preso il premio Nobel, ma è stata qualcosa che ha cambiato la psichiatria e la vita di tante persone».

E.G.
Così come tanti Paesi snobbano il litio...

G.F.
In Italia si usa pochissimo il litio, è stato sufficiente aumentare il prezzo da 3 a 13 euro per renderlo più interessante per gli psichiatri... Ci sono documenti del 1300 dove si parla della ramificazione del litio, non è possibile che nella maggior parte delle università italiane non venga insegnato, è un'ignoranza colossale. Un altro strumento fondamentale è la clozapina a

bassissimo dosaggio; la scuola di Pisa la
usa, io la uso. In una zona di Brescia dove
ho lavorato, ma anche in altre zone, non
si usa più perché si dice: "Ah, è un problema fare un prelievo di sangue una volta
a settimana per diciotto settimane".
Ma, ragazzi, ma stiamo lì a preoccuparci
di fare qualche prelievo a una persona che
vuole morire, in pericolo di vita?

E.G.
Ce l'ha con i suoi colleghi meno intraprendenti?

G.F.
Almeno in Italia, c'è una sorta di atteggia-
mento difensivo da parte della maggior
parte degli psichiatri che, quando un paziente è ad altissimo rischio suicidario,
dicono semplicemente che ha "disturbi di
personalità"; ho sentito definire "disturbo

istrionico" quello di una mia paziente che si è buttata dal quarto piano fracassandosi il bacino; era morto il marito, con bambini piccoli, in una situazione difficilissima, era un'infermiera, ha cercato altre quattro volte di ammazzarsi, mi è capitata casualmente per le mani perché era una suora laica in Ecuador dove c'è un'amica della mia compagna. Faceva il litio ma non controllava gli esami da due anni: l'ho segnalato alla sua dottoressa che, psichiatra, ha pensato anche di sospenderglielo... Incredibile.

Sono riuscito finalmente a farle fare l'elettroshock. Ora questa donna si è sposata e vive felice e contenta, i figli sono tornati a vivere con lei e le sono stati riaffidati dopo essere stati con il fratello
per un po'. L'ho incontrata mentre faceva una passeggiata, ci siamo abbracciati.

E.G.
Altre storie nella sua carriera?

G.F.
Un'operaia sposata ma senza figli, nonostante numerosi tentativi di inseminazio-
ne, che faceva la volontaria nei carabinieri. A un certo punto mandò un messaggio
ai colleghi: "Vi saluto, siete molto carini,
ma me ne vado". Non so come sono riu-
sciti a trovarla in un bosco quando ormai
sembrava stesse riuscendo ad ammazzarsi. L'ho ricoverata, ha cercato di uccidersi
con un lenzuolo anche durante la degen-
za, guardata a vista. Allora, durante un
incontro a Roma con il grande psichiatra
Athanasios Koukopoulos, avevo sentito
parlare per la prima volta della clozapina
a basso dosaggio nei pazienti ad alto rischio suicidario; ho telefonato al reparto

dicendo di dare immediatamente la clozapina alla signora; per anni, mi ha mandato
tutti i giorni un messaggio
dicendomi quanto mi fosse grata e mi
volesse bene.

E.G.
Non tutte storie a lieto fine, immagino...

G.F.
Mi viene in mente un'altra signora che era
ricoverata da tre anni per depressione,
in realtà era in "stato misto", come quasi
tutti quelli ad alto rischio suicidario. Ora,
questa giovane donna con quattro figli,
moglie di un veterinario, mi viene affidata
da un collega che non sa più come fare.
Comincio un ciclo di Tec, lei reagisce bene
tant'è che non è poi tornata in ospedale
bensì a casa dai suoi figli. Ha avuto una ri-

caduta dopo tre anni di vita buona. Rifà il ciclo e sta bene altri due anni. Poi un'altra ricaduta, e a questo punto il primario non dà più l'assenso per un altro trattamento. Da allora la signora è ricoverata in una comunità, lontana dai suoi figli. E sono passati sei anni.

E.G.
In Italia alcuni psichiatri dicono: "La Tec l'abbiamo inventata noi. Non siamo mica scemi, se servisse la useremmo".

G.F.
Peccato che nella piccola Danimarca con quattro milioni di abitanti ci sono dodici centri, uno persino in Groenlandia. In Svezia ce ne sono sessanta. A Göteborg, quando arriva qualcuno a rischio suicidio, prima gli si fa la terapia convulsivante e

poi si raccoglie l'anamnesi. In Germania, dove la Tec non si è fatta per anni dopo il nazismo, rigettando tutto ciò che era invasivo, oggi non c'è una città universitaria senza un servizio elettroconvulsivante; nel Regno Unito, un ospedale generale, per essere accreditato, ha bisogno di psichiatri che sappiano fare la Tec. Perché, se il rischio suicidiario è alto, l'elettroconvulsivante è il top. Peccato che in Italia si faccia fatica ad ammetterlo.

"Nessuno si è mai
tolto la vita.
Il suicidio è una
condanna a morte
dove il giudice
dispone che sia il
recluso a eseguirla"

Guido Morselli

Ci sono pochi centri che utilizzano la Tec in Italia?

Pochissimi, purtroppo. Tre strutture pubbliche, Pisa, Brunico e Montichiari, e poche private. Un grave ritardo rispetto ad altri Paesi. È una situazione preoccupante. Anche perché, con questi trend, si pensa che la depressione sarà presto la malattia più invalidante in assoluto. Se guardiamo agli Stati Uniti, il 21 per cento dei trattamenti sono in device, ovvero con le varie macchine per la neurostimolazione, il 23 per cento in psicoterapia e il resto in farmaci. In Italia, la stimolazione è solo allo 0,06 per cento. Perché negli Stati Uniti il sistema è diverso: l'assicurazione - che paga - vuole che il paziente stia meglio il

prima possibile. In Italia, invece, non c'è
tutta questa fretta... È triste ma è così.

E.G.
E questi problemi non emergono durante
i congressi?

G.F.
I congressi sono un po' politici, locali, legati alla vita del territorio, ora che le case
farmaceutiche non finanziano più nulla.
I commenti che senti quando sei lì, per
esempio sul tema della diagnostica, sono
del genere "tanto la terapia è uguale per
tutti". Nei corsi di aggiornamento, invece,
c'è gente motivata che vuole imparare e
per farlo paga di tasca propria e ascolta
specialisti qualificati.Per fortuna vedo anche tanti giovani universitari determinati e
attenti al nuovo.

E.G.

Con Mario Savino abbiamo trattato il tema
della pericolosità sociale dei potenziali suicidi. Anche per questo la prevenzione assume
grande importanza. Le è capitato qualche
caso che ha coinvolto anche altre persone?

G.F.

Sì, certo. Una signora conosciuta circa
vent'anni fa: una bellissima donna che a
un certo punto ha avuto un gravissimo
disturbo dell'umore. Viveva in un piccolo condominio e purtroppo un giorno ha
pensato di uccidersi col gas; si è ritrovata
per terra fuori di casa, sul materasso del
letto dove si era sdraiata, viva, mentre
sono morte quattro persone del condominio. Da lì è stata rinchiusa in una comunità
protetta, insieme a nove maschi: la notte
metteva armadi e comodini davanti alla

porta per non essere violentata.

Mi è stata affidata in cura, ho inserito il litio e una piccola dose di clozapina, ovvero 25/50 milligrammi. La signora ha messo su qualche chilo, ma è morta di malattia naturale dopo vent'anni.

E.G.

Oltre alla Tec ci sono altre terapie esterne, complementari ai farmaci. Le può elencare?

G.F.

La Tms, Transcranical Magnetic Stimulation, la stimolazione magnetica, nasce nel 1995. Quella profonda viene approvata dalla Food and Drug Administration nel 2013; profonda vuol dire che, invece di andare a stimolare fino a un massimo di 1,5 cm sotto lo scalpo, si arriva fino a 6 cm di profondità. Un altro mondo.

Con possibilità, tra l'altro, di non creare problemi di memoria; anzi, in Israele l'apparecchio profondo ha l'indicazione per la cura dell'Alzheimer in fase iniziale, perciò addirittura favorisce le capacità cognitive. Non richiede anestesia. Una macchina estremamente versatile. Peccato che nei nostri ospedali non ci sia. C'è al San Raffaele, a Milano, solo se ti ricoveri.

Relativamente nuova e importante è la Dbs, Deep Brain Stimulation, con l'impianto, in sede permanente, di vari elettrodi che inviano impulsi al cervello.
In Italia purtroppo è usata ancora poco e, a volte, male.

Poi c'è la terapia a corrente diretta. Le linee guida internazionali non la considerano come sicuramente efficace. In cosa consiste? È una pila sostanzialmente, una stimolazione elettrica. Differenza con la Tec? Clamorosa. La Tec è una stimolazione profonda di tutto il cervello provocata da una crisi convulsiva. La corrente diretta è semplicemente una scossa. Che può creare comunque una suggestione. Indossi una cuffia, due spugnette sulla fronte, quelle per lavare i piatti tagliate in quattro, dove metti due elettrodi, colleghi la pila e vai. Può essere un rituale: tutti i giorni un trattamento costante. Come quando vai dal nutrizionista a scadenze fisse: hai più chance di dimagrire. Ecco, io non so se i risultati che si ottengono con la corrente diretta siano dovuti alla stimolazione o a un effetto psicologico. Perché i risultati a volte ci sono, anche se non sono paragonabili a quelli ottenuti con la Tms o con la Tec.

E infine ci sono le terapie che agiscono sul nervo vago. Consistono in una stimolazione retrograda del nervo vago sinistro, perché il destro ha fibre cardiache, che avrebbe la capacità di attivare determinate zone importanti per la soluzione del disturbo depressivo. Le percentuali non sono mai state esaltanti. Per un po' ha sollevato interesse perché era poco invasiva. Ho avuto una paziente che è stata bene per quattro o cinque anni, poi però, una volta scaricato l'apparecchio e sostituito, non ha più risposto alle cure: può darsi sia stato un problema della macchina. Ho cambiato terapia.

Ormai gli strumenti sono tanti per prevenire un suicidio. Però occorre creare una cultura della neuro-stimolazione che abbia una sua consequenzialità, una sua logica, così da evitare applicazioni a sproposito.

Dal senso di colpa al disturbo alimentare

Incontriamo Mario Miniati, psicoterapeuta,
per parlare delle tecniche che possono prevenire il rischio suicidiario o eventuali ricadute.

M.M.
Se partiamo dal disturbo depressivo,
all'interno dei numerosi sintomi che più
frequentemente si verificano - l'umore triste, l'incapacità di provare piacere - spesso compaiono anche i sensi di colpa.

E.G.
Lei ha avuto casi di suicidio trai suoi pazienti?

M.M.
Ringraziando il cielo, in venticinque anni
che faccio questa professione, no.

E.G.
Ha avuto pazienti a rischio suicidario?

M.M.
Be', tutti noi che facciamo questo lavoro li abbiamo avuti e li abbiamo. Esistono linee guida da osservare in maniera rigida. Perché è vero che bisogna adattare gli interventi alle caratteristiche del paziente e c'è la terapia personalizzata, però ci sono schemi che vanno seguiti perché è una sorta di rischio non differente da una coronaropatia grave, ovvero il paziente rischia di morire. Nel nostro settore l'equivalente è il rischio di suicidio: quando questo è valutabile concretamente bisogna agire secondo linee guida internazionali, non possiamo permetterci di interpretare. Le psicoterapie si utilizzano nei pazienti che non sono a rischio suicidario.

Quando invece il rischio è passato e siamo in una fase di recupero anche parziale, allora si può lavorare in un'ottica di prevenzione, o per una ristrutturazione cognitiva interpersonale.

E.G.
La terapia interpersonale in che modo agisce? Restituisce una socialità al paziente?

M.M.
È una tecnica mirata alla riduzione dei sintomi. La terapia interpersonale si struttura in tre parti: iniziale, centrale e finale, in una media di dodici sedute. Si considerano quattro aree problematiche: due sono il deficit interpersonale e il lutto, le altre due sono la transizione di ruolo e i conflitti interpersonali, che capitano con più frequenza nei soggetti più giovani.

Un esempio di transizione di ruolo? Ecco, quando uno perde il lavoro o va in pensione: a volte si cade in depressione.

Se a quella si aggiungono patologie organiche, fisiche, politerapie che possono avere effetti depressogeni e in più, appunto, una componente di deficit interpersonale, ecco che la reazione suicidaria può comparire. A quel punto si valutano una serie di tecniche e strategie specifiche su come ridurre la sintomatologia depressiva. Ci sono anche alcuni "compiti a casa", per riattivare, se possibile, una componente di socialità.

"Quelli che scelgono il suicidio hanno incontrato uno specchio in frantumi, non possono più riconoscersi in nulla. Sono stati spogliati della loro immagine"

Massimo Recalcati

E.G.

Suggerisce azioni affinché il paziente non si senta solo?

M.M.

Diciamo che all'interno della terapia si cerca di potenziare le risorse individuali e si possono concordare una serie di esercizi che la persona fa per riattivare la socialità, una rete interpersonale di sostegno che sia valida. Di per sé è chiaro che non risolve il problema ma è uno degli elementi che modulano in maniera anche piuttosto intensa la sintomatologia depressiva; essere in uno stato depressivo per tutta la giornata è cosa diversa rispetto a interagire, a sentirsi nuovamente utile, a svolgere una serie di funzioni. Un conto è guardare tutto il giorno la tv a casa - in realtà, senza guardarla - e un

conto è uscire e fare qualcosa. La sintomatologia depressiva peggiora la qualità
delle relazioni interpersonali; più la qualità delle relazioni interpersonali peggiora e
più la sintomatologia si rinforza; si crea un
circolo che devo spezzare. Posso intervenire sui sintomi fisici con i farmaci mentre
con le psicoterapie incido sulla ristrutturazione cognitiva e interpersonale.

È chiaro che nell'anziano questo può essere più difficile rispetto ad altre fasce
d'età: il deficit interpersonale è molto più
intenso; per esempio, nella transizione di
ruolo è chiaro che mi ritrovo ad avere una
serie di competenze - che prima magari
svolgeva il mio compagno/compagna - a
non sapere cosa fare, a trovarmi in una
situazione passiva, mentre prima avevo un
ruolo sociale attivo.

E.G.

Be', quando si perde il lavoro o si va in pensione c'è anche l'aver avuto un gruppo di colleghi che adesso non si ha più. Non dico fossero una famiglia, ma insomma… Si può chiamare "perdita della colleganza": la capufficio che raccontava le delusioni amorose della figlia, il magazziniere che aveva vinto alla lotteria… Storie che riempivano una giornata.

M.M.

Sì, si va a incidere su tutto questo.

E.G.

E poi un altro grande fronte sono i disturbi alimentari, specialmente nelle giovani donne.

M.M.

Vero. Ci sono storie di ragazze che arrivano a indici di massa corporea bassissimi,
alte 1 metro e 70 che pesano 25 chili. Ma
si può recuperare bene, avere una vita
normale, figli, dopo essere state sull'orlo
del baratro, una specie di sfida continua
con la morte.

Conclusioni

Abbiamo visto che, nella stragrande maggioranza dei casi, le condizioni per sviluppare il
rischio suicidario sono:
1) La predisposizione del soggetto.
Ovvero, il suicidio non è qualcosa che può capitare a chiunque.
2) Alla predisposizione va aggiunto uno o più
fattori prolungati di stress, magari uniti a senso
di colpa, che scatenino il disturbo depressivo.
3) Il disturbo depressivo dev'essere di tipo
"stato misto", ovvero la depressione deve essere accompagnata da ansia e agitazione. Il
depresso costretto a letto, o in poltrona davanti alla tv, non è particolarmente a rischio: per
suicidarsi ci vuole energia fisica e mentale.
4) Una diagnosi sbagliata, una sottovalutazione
del rischio, soprattutto all'inizio del disturbo.
Questo è quello che abbiamo scoperto finora.
Ed è un nuovo punto di partenza per cercare di
invertire un trend.

Le ultime stime dell'Organizzazione mondiale della sanità prevedono un aumento delle vittime di suicidio: nei prossimi anni, in media, una ogni 21 secondi. E un tentativo di suicidio ogni 1,5 secondi. Un fenomeno che non può più essere rimosso. E che va affrontato senza paure/bigottismi, laicamente.

Così abbiamo fatto con questo pamphlet, abbattendo stigmi e luoghi comuni come "non c'è speranza, le persone a rischio suicidio lo sono per sempre"; falso, lo sono soltanto per un periodo limitato di tempo. Oppure, "parlare di suicidio può innescare il comportamento suicidario"; falso, la discussione aperta sull'argomento aiuta la persona in difficoltà a chiedere aiuto e spesso fornisce sollievo e comprensione.

"Vi sono suicidi invisibili.
Si rimane in vita per pura
diplomazia, si beve,
si mangia, si cammina.
Gli altri ci cascano
sempre, ma noi sappiamo
che si sbagliano.
Noi sappiamo
che siamo morti"

Gesualdo Bufalino

Un ringraziamento particolare a Sara Arduini,
pubblico ministero al tribunale di Milano, a
Bianca Laganà per l'assistenza redazionale e
a Matteo Pacini, psichiatra al Centro medico
Visconti di Modrone, a Milano.

www.ingramcontent.com/pod-product-compliance
Lightning Source LLC
Chambersburg PA
CBHW072243260726
48657CB00001BA/425